当诗词
遇见科学

陈征 著

6

北京时代华文书局

图书在版编目（CIP）数据

当诗词遇见科学：全20册 / 陈征著 . — 北京：北京时代华文书局，2019.1（2025.3重印）

ISBN 978-7-5699-2880-8

Ⅰ. ①当… Ⅱ. ①陈… Ⅲ. ①自然科学－少儿读物②古典诗歌－中国－少儿读物 Ⅳ. ①N49②I207.22-49

中国版本图书馆CIP数据核字（2018）第285816号

拼音书名 | DANG SHICI YUJIAN KEXUE：QUAN 20 CE

出 版 人 | 陈 涛
选题策划 | 许日春
责任编辑 | 许日春 沙嘉蕊
插 图 | 杨子艺 王 鸽 杜仁杰
装帧设计 | 九 野 孙丽莉
责任印制 | 訾 敬

出版发行 | 北京时代华文书局 http://www.bjsdsj.com.cn
北京市东城区安定门外大街138号皇城国际大厦A座8层
邮编：100011 电话：010-64263661 64261528
印 刷 | 天津裕同印刷有限公司
开 本 | 787 mm×1092 mm 1/24 印 张 | 1 字 数 | 12.5千字
版 次 | 2019年8月第1版 印 次 | 2025年3月第15次印刷
成品尺寸 | 172 mm×185 mm
定 价 | 198.00元（全20册）

自 序

一天，我坐在客厅的沙发上，望着墙上女儿一岁时的照片，再看看眼前已经快要超过免票高度的她，恍然发现，女儿已经六岁了。看起来她一直在身边长大，可努力搜索记忆，在女儿一生最无忧无虑的这几年里，能够捕捉到的陪她玩耍，给她读书讲故事的场景，却如此稀疏……

这些年奔忙于工作，陪孩子的时间真的太少了！

今年女儿就要上小学，放眼望去，小学、中学、大学……在永不回头的岁月中，她将渐渐拥有自己的学业、自己的朋友、自己的秘密、自己的忧喜，直到拥有自己的家庭、自己的人生。唯一渐渐少了的，是她还愿意让我陪她玩耍，给她读书、讲故事的时间……

不能等到孩子不愿听的时候才想起给她读书！这套书就源自这样的一个念头。

也许因为我是科学工作者，科学知识是女儿的最爱，她每多了解一个新的科学知识，我都能感受到她发自内心的喜悦。古诗词则是我的最爱，那种"思飘云物动，律中鬼神惊"的体验让一个学物理的理科男从另一个视角感受到世界的美好。当诗词遇见科学，当我读给孩子，这世界的"真""善"与"美"如此和谐地统一了。

书中的科学知识以一个个有趣的问题提出，目的并不在于告诉孩子答案，而是希望引导孩子留心那些与自然有关的细节，记得观察生活、观察自然；引导孩子保持对世界的好奇心，多问几个为什么。兴趣、观察和描述才是这么大孩子的科学教育应该做的。而同时，对古诗词的赏析，则希望孩子们不要从小在心里筑起"文"与"理"之间的高墙，敞开心扉去拥抱一个包括了科学、文化和艺术的完整的世界。

不得不承认，这套书选择小学语文必背的古诗词，多少还是有些功利心在其中。希望在陪伴孩子的同时，也能为孩子的学业助一把力。

最后，与天下的父母共勉：多陪陪孩子，趁着他们还没长大！

目 录

唐 李白

jìng yè sī
静夜思

chuáng qián míng yuè guāng　　yí shì dì shàng shuāng
床 前 明 月 光 ， 疑 是 地 上 霜 。

jǔ tóu wàng míng yuè　　dī tóu sī gù xiāng
举 头 望 明 月 ， 低 头 思 故 乡 。

1 疑：好像。

2 举头：抬头。

离开家乡已经很久，夜深人静，我辗转反侧睡不着觉。皎洁的月光泻在窗户纸上，好像地上泛起的一层霜。我禁不住抬起头，打开窗户，朝外望去，我看到一轮皓月高悬天际，不由地低头沉思，想起远方的家乡，或许故乡的人们也在望着这轮明月吧。

白天是怎么变成黑夜的？

　　地球是个巨大的球体，它在茫茫宇宙中以每小时十万多公里的速度围绕太阳公转。地球上迎着太阳的一面被阳光照亮，形成了白天；而背着太阳的那一面就形成黑夜。地球在公转的同时还在不停自转，于是地球表面上的各个地方白天和黑夜彼此交替，形成了昼夜变换。

这看起来很简单，可是 1823 年，德国天文学家奥伯斯提出一个问题：宇宙中像太阳一样的恒星多得数不清，很多恒星比太阳还要大、还要亮，如果宇宙无限大，存在的时间无限长，恒星也无限多，那么虽然其他恒星距离我们很远，可它们的光加起来应该和太阳差不多；这样的话，夜晚我们看到应该不只是月光，还有像白天一样明亮的星光才对。

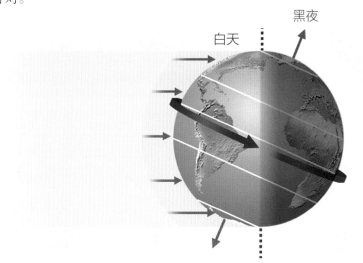

黑夜

白天

太阳光

事实上，我们的宇宙诞生于 138 亿年前的一次大爆炸，之后飞速膨胀，遥远恒星发出的光要么因为太远还来不及到达地球，要么因为宇宙的膨胀被变成了微波背景辐射。想想看，是不是特别神奇？晚上黑漆漆的夜空，竟然是宇宙诞生于一次大爆炸的证据。

夜晚的大自然是万籁俱寂吗?

　　对人类而言，夜晚是安静的、清冷的、寂寞的。不过对大自然而言，夜幕中同样有丰富多彩的自然现象。

　　除了有夜行动物出来活动以外，植物也会有不同的表现。夜幕降临后，植物不再进行光合作用，但它们的呼吸作用却并不会停止，整个夜晚植物都会不断地吸收氧气和呼出二氧化碳，直到第二天太阳升起。夜晚气温也在不断降低，黎明前温度最低的时候，空气中的水蒸气就会凝结在植物的叶子上，形成晶莹的露珠。

特别有趣的是，有些花为了保护花蕊不受冻而在夜里合上花瓣；而另一些花，比如热带睡莲，会在黄昏时开放，清晨到来时闭合；还有著名的昙花，在太阳落山后的八九点钟开花，不等太阳升起就凋谢了；此外还有月光花、紫茉莉、夜来香，等等，都是专门在晚上开花的。

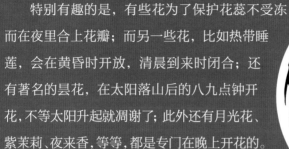

唐 李白

古朗月行（节选）
gǔ lǎng yuè xíng

xiǎo shí bù shí yuè　　hū zuò bái yù pán
小 时 不 识 月 ， 呼 作 白 玉 盘 。

yòu yí yáo tái jìng　　fēi zài qīng yún duān
又 疑 瑶 台 镜 ， 飞 在 青 云 端 。

xiān rén chuí liǎng zú　　guì shù hé tuán tuán
仙 人 垂 两 足 ， 桂 树 何 团 团 。

bái tù dǎo yào chéng　　wèn yán yǔ shuí cān
白 兔 捣 药 成 ， 问 言 与 谁 餐 。

chán chú shí yuán yǐng　　dà míng yè yǐ cán
蟾 蜍 蚀 圆 影 ， 大 明 夜 已 残 。

yì xī luò jiǔ wū　　tiān rén qīng qiě ān
羿 昔 落 九 乌 ， 天 人 清 且 安 。

1朗月行：乐府旧题，属于《杂曲歌辞》。

2青云端：青云的上面。

3瑶台：传说中神仙居住的地方。

4仙人垂两足：古代神话里说，月亮上有仙人和桂树。当月亮初升的时候，先看见仙人的两只脚，月亮逐渐圆起来，就会看见仙人和桂树的全貌。

5何：多么。

小时候我不知道月亮为何物，瞧它像个用白玉做成的盘子，便把它称作白玉盘。慢慢地，我想到它始终高悬天际，又怀疑它不是白玉盘，而是瑶台上的仙镜，飞在夜空云彩之间。每当月亮初升时，我就能看到仙人的两只脚，这时我会想象，仙人在做什么，又在想什么。继而月亮高升，仙人隐现，总也砍不死的桂树完全呈现在我眼前，令我思接千载，视通万里。传说玉兔跪地用玉杵捣药，年复一年地捣，它到底打算给谁吃呢？这么多药，谁又能吃得完呢？另传说月亮上住着一只大蟾蜍，它贪婪地侵蚀着月亮，使月亮渐渐地残缺了。从前，有位射日的英雄名叫后羿，他将九个太阳射落了，只留下一个，才使得天上得以清平安宁。

月亮上有玉兔吗？

月亮自转一圈的时间和绕地球公转一圈的时间相同，所以月亮总是一面对着我们。

月亮上有着高大的环形山和广袤的大平原，山顶的反光比较强（能达到17%），而平原地区反光比较弱（只有7%左右），从地球上看去，就形成了一些图案。古人觉得这些图案有的像兔子，有的像棵树，于是结合着浪漫的想象编出了嫦娥、吴刚、玉兔、桂花树的故事。

但实际上月亮是一颗寂静的星球，它的表面没有大气，生物没有办法呼吸。昼夜温差也特别大，白天太阳直射的地方有 120 多度，比开水还烫；到了晚上，因为没有大气保温，热量散失特别快，温度会降到零下 180 多度，比地球上的南北极温度还要低 100 多度。这样残酷的条件，兔子是不可能生存的。

不过 2013 年以后，月亮上真的有了一只"玉兔"，这就是我们国家发射的玉兔号月球车。它携带了许多科学仪器，能够帮助我们的科学家更多地认识月亮。

为什么有些动物在月亮升起的晚上才出来，白天却看不见，它们更喜欢月亮吗？

很多动物都有昼伏夜出的习性，白天躲起来睡觉，晚上才出来活动，比如猫头鹰、蝙蝠、老鼠、蛇，等等。它们并不是喜欢看月亮，在没有月亮的夜晚它们也会出来活动，因为夜色可以起到很好的保护作用，可以让动物在活动时不容易被天敌发现。当然有些动物的昼伏夜出，比如猫、老虎之类，则是因为它们的猎物通常晚上才出来活动，为了捕猎，它们只好辛苦地熬夜了。

瞳孔放大

瞳孔缩小

那么这些晚上在黑暗中活动的动物是怎么看路的呢?

　　有些动物的眼睛有能变大变小的瞳孔，比如猫和猫头鹰，它们在晚上出来时，眼睛的瞳孔变得很大，让更多光线进入眼睛来帮助看清东西。

　　有些动物则根本不用眼睛，而是用嘴和耳朵来"听"路，比如蝙蝠，它的嘴里不停地发出超声波，然后用耳朵听反射回来的声波，就能判断前面有没有障碍物。

唐 李白

wàng lú shān pù bù
望庐山瀑布

rì zhào xiāng lú shēng zǐ yān　　yáo kàn pù bù guà qián chuān
日照香炉生紫烟，遥看瀑布挂前川。

fēi liú zhí xià sān qiān chǐ　　yí shì yín hé luò jiǔ tiān
飞流直下三千尺，疑是银河落九天。

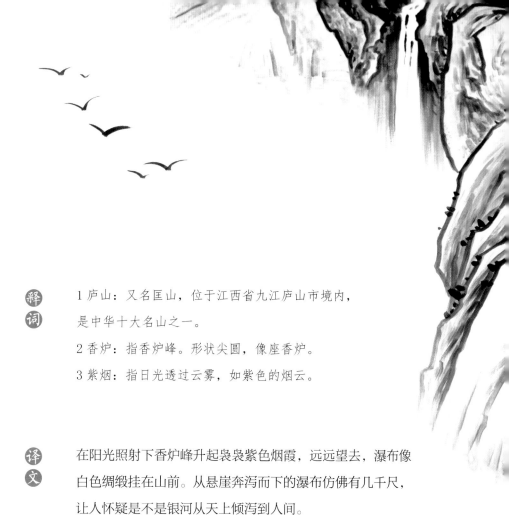

1 庐山：又名匡山，位于江西省九江庐山市境内，
是中华十大名山之一。

2 香炉：指香炉峰。形状尖圆，像座香炉。

3 紫烟：指日光透过云雾，如紫色的烟云。

译文

在阳光照射下香炉峰升起袅袅紫色烟霞，远远望去，瀑布像
白色绸缎挂在山前。从悬崖奔泻而下的瀑布仿佛有几千尺，
让人怀疑是不是银河从天上倾泻到人间。

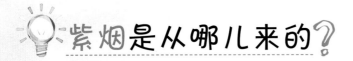

紫烟是从哪儿来的？

在《鹿柴》中我们提到过，光有时像小球，有时像波浪。科学家们多数时候把光看成一种波浪，它和我们身边的 wifi 的信号、广播电台发出的广播信号、家里微波炉中的微波、医院里透视用的 X 光一样，本质上都是一种电磁波。

太阳光是由红、橙、黄、绿、蓝、靛、紫不同颜色的光组成，它们的波长从400纳米到760纳米（1纳米是十亿分之一米）不等，是我们自动铅笔芯的千分之一左右。当这些颜色的光遇到跟它们自己的长度差不多的障碍物时，那些波长比较长的红橙光会绕过障碍物继续前行，而波长比较短的蓝紫光则容易撞上障碍物发生散射，会被弹向四面八方。这种现象最早被一位英国科学家瑞利勋爵研究清楚，因而被命名为"瑞利散射"。

山中雾气中那些小水滴的尺寸非常小，小到和光波的长短差不多，阳光照在这些雾气上发生了瑞利散射，那些被散射的蓝紫光被我们的眼睛看见，于是氤氲缭绕的雾气显出淡淡的蓝紫色，成了"紫烟"。

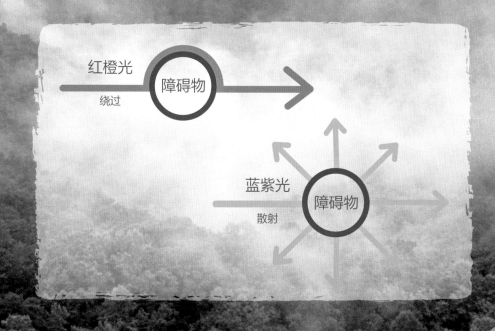

为什么水是透明的，瀑布却是白色的？

多数有颜色的物体，其实是吸收了太阳光中的一部分颜色，反射另一部分颜色的光而表现出来的。如果物体并不吸收光，而是均匀地反射所有颜色的光，看起来就是白色；如果物体吸收掉所有颜色的光，没有光线能反射进我们的眼睛里，那就是黑色。

透明则是一种很特殊的颜色，透明物体只会反射很小一部分光，剩下的绝大部分可以毫发无损地穿过它。我们之所以能看到透明的物体，通常是因为光线穿过它们时会拐弯，引起了后边景物的扭曲，这才能被我们发现。

　　水流平时看上去是透明的，但当它从悬崖上滚滚而下形成瀑布的时候，水流在空中会分散成大大小小的"水团"，光每一次穿过"水团"都会有一点点被反射。虽然每次反射都很少，但当水团足够多的时候，差不多所有的光线都会被反射，而瀑布的水团比形成瑞利散射的那些雾滴要大得多，所有颜色的光都会被均匀反射出来，结果看上去瀑布就成了白色。

科学思维训练小课堂

① 想一想，当我们身处白天时，哪个国家正处在黑夜中？

② 听一听，有哪些动物会在夜晚发出声音？

③ 画一道彩虹。

扫描二维码回复"诗词科学"

即可收听本书音频